Usborne

Mares tropicales

Cuando termines el puzle,
busca en el libro los animales marinos
que salen en él para aprender
datos fascinantes sobre ellos.

Texto: Sam Smith

Ilustraciones: Katie Melrose

Diseño: Jenny Addison

Traducción: Cristina Fernández Martínez

En los arrecifes

Los corales son criaturas con aspecto de planta que crecen agrupadas en el lecho marino. Suelen vivir en aguas poco profundas y cristalinas porque necesitan la luz solar para para producir alimento. Los corales forman grandes arrecifes que dan cobijo a muchos animales.

Los **reptiles** tienen la piel cubierta de escamas. Si bien deben subir a la superficie para respirar, son capaces de no hacerlo durante horas. Muchos desovan en tierra firme.

Los **corales blandos**, como la gorgonia látigo, son muy flexibles. Esta característica evita que las fuertes corrientes oceánicas los rompan.

Los **peces** son animales muy diversos. Aunque parezca increíble, tanto los caballitos de mar como los tiburones son peces. Lo que la mayoría tiene en común es que respiran bajo el agua mediante branquias y son ovíparos.

Los **crustáceos**, como los cangrejos o las langostas, están protegidos por un caparazón o esqueleto externo (el exoesqueleto).

Los **corales duros**, como el coral cerebro, producen un esqueleto externo o exoesqueleto. Con el paso del tiempo, al ir acumulándose, esos esqueletos forman arrecifes coralinos.

Las **medusas** suelen dejarse llevar por las corrientes oceánicas. Utilizan sus tentáculos urticantes para cazar.

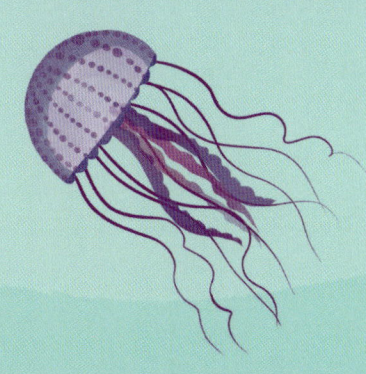

Los **mamíferos** no respiran bajo el agua, así que los que viven en el mar deben salir a la superficie con regularidad para tomar aire.

Los **cefalópodos** cuentan con cerebros de gran tamaño y numerosos tentáculos, pero no tienen espina dorsal. Lanzan chorros de tinta para zafarse de sus depredadores.

Por regla general, los **equinodermos** tienen el cuerpo simétrico y con forma de estrella. Las estrellas de mar y los erizos de mar pertenecen a este grupo.

Las **esponjas** tienen el cuerpo blando y lleno de agujeros diminutos. Esto permite que el agua, de la que obtienen alimento y oxígeno, fluya por ellas libremente.

El cuerpo de los **poliquetos** está formado de segmentos cubiertos de unos pelillos carnosos que les sirven para respirar bajo el agua.

La gran barrera de coral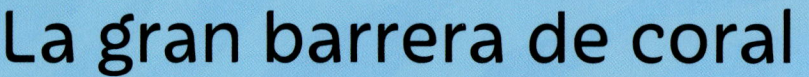

La gran barrera de coral de Australia es la formación
de arrecifes coralinos más grande del mundo.
De hecho, hasta se ve desde el espacio.

Los **peces murciélago** nadan en pequeños
grupos. Se distinguen por las listas negras
en vertical que tienen en el cuerpo.

Cuando los **cirujanos azules** se sienten
amenazados, sacan una espina afilada que
tienen a ambos lados de la base de la cola
y tratan de herir a su atacante con ella.

Los **peces ángel real** se esconden entre
los corales y se alimentan de esponjas.
Antes de desovar en el agua, estos peces
realizan una danza en espiral al atardecer.

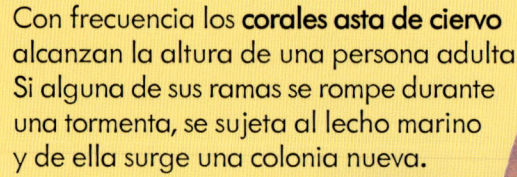

Con frecuencia los **corales asta de ciervo**
alcanzan la altura de una persona adulta.
Si alguna de sus ramas se rompe durante
una tormenta, se sujeta al lecho marino
y de ella surge una colonia nueva.

El cuerpo de los **peces mariposa de nariz alargada** es muy fino y plano, lo que les permite nadar por espacios reducidos entre los corales mientras comen gusanos tubícolas, almejas o anémonas.

Los **peces damisela blancos y negros** macho abanican sus huevos con las aletas para que no les falte oxígeno.

Los **peces estandarte** a veces arrancan la piel muerta de otros peces más grandes y así ayudan a mantenerlos limpios.

Las **anémonas** se fijan a una superficie dura de la que no pueden despegarse. Utilizan sus tentáculos urticantes para cazar cangrejos y pececillos con los que alimentarse.

Los **peces payaso** están cubiertos de una sustancia que les permite refugiarse entre las anémonas sin que les piquen. A cambio, las defienden de sus depredadores.

En la bahía

A veces, los arrecifes coralinos próximos a la costa forman una barrera entre el mar abierto y la orilla. Esto crea una laguna de aguas poco profundas y protegidas donde viven multitud de animales.

Los **delfines mulares** tienen formas muy ingeniosas de cazar, como por ejemplo remover el lecho marino para que se forme una nube de lodo, de forma que los peces que haya en ella se despisten y sean presas fáciles.

Los **dugongos** aguantan la respiración hasta 6 minutos. Utilizan las aletas para desplazarse por el fondo mientras pastan y tienen unas cerdas muy largas y sensibles en el hocico con las que exploran el entorno.

Las **esponjas barril gigante**, que llegan a vivir más de 2.000 años, tienen una anchura parecida a la altura de una persona adulta. Absorben agua y la expulsan por arriba tras haberla filtrado para obtener alimento.

El **pasto marino** forma enormes praderas por el lecho del mar que sirven de cobijo a miles de criaturas.

Las **tortugas carey** tienen un caparazón fuerte que las protege mientras nadan por los arrecifes, donde se alimentan de coral y esponjas.

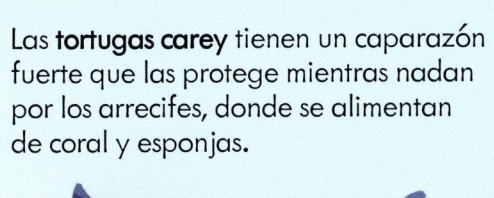

Las **rayas águila** escarban en el lecho marino con el hocico para desenterrar camarones y cangrejos, cuyo caparazón parten con sus dientes puntiagudos.

Los **abanicos de mar** son corales duros que crecen juntos. Su forma les permite actuar igual que una red, que atrapa el plancton que arrastran las corrientes.

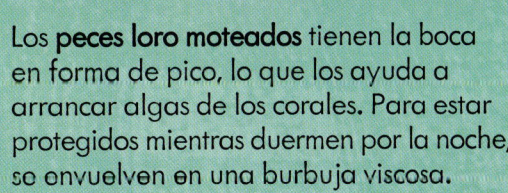

Los **peces loro moteados** tienen la boca en forma de pico, lo que los ayuda a arrancar algas de los corales. Para estar protegidos mientras duermen por la noche, se envuelven en una burbuja viscosa.

Los **cangrejos de coral** macho se colocan bocabajo y mueven las patas para atraer pareja. Las hembras sostienen los huevos fertilizados un mes hasta que eclosionan.

Arrecifes costeros

Este tipo de arrecifes se forman directamente en la costa, son poco profundos y estrechos, y llegan a tener muchos kilómetros de longitud.

Las **iguanas marinas** se sumergen con ayuda de su cola, que es plana, para comer algas. De vuelta en tierra firme, las iguanas estornudan para eliminar el exceso de sal de las algas.

Los **peces globo** tienen el estómago muy elástico. Lo llenan de agua o aire para convertirse en una bola de púas y así disuadir a sus depredadores de que se los coman.

Las **morenas cebra** cazan por la noche. Otros peces las siguen porque aprovechan para devorar los animalillos que salen de sus escondrijos asustados por las morenas.

Los **erizos de mar** tienen un caparazón rígido y redondeado cubierto de púas, que utilizan, junto con cientos de pies diminutos acabados en ventosa, para desplazarse por el lecho marino.

Los **leones marinos** nadan tan rápido como corren los leones, aguantan la respiración bajo el agua hasta 20 minutos y devoran más de 10 kilos de animales marinos al día.

Todos los **meros de coral** nacen siendo hembras y, con el tiempo, algunos se transforman en machos.

A veces, las **langostas espinosas** recorren grandes distancias en grupo para encontrar un nuevo lugar donde vivir. Para ello, forman una larga fila en el lecho marino y usan las antenas para no separarse.

Las espirales de vivos colores de los **gusanos árbol de Navidad** tienen unos tentáculos con forma de pluma con los que atrapan el alimento. Suelen refugiarse dentro de corales cerebro.

Los **corales cerebro** alcanzan el tamaño de una rueda de tractor y viven cerca de 900 años. Durante el día, repliegan sus diminutos tentáculos para proteger las rugosidades y, cuando llega la noche, los extienden para atrapar alimento.

Acantilados coralinos

Al borde de algunos arrecifes, hay un desnivel enorme en el suelo marino que crea acantilados donde los animales que viven en aguas someras se mezclan con los de las profundidades marinas.

Los tentáculos de las **gorgonias látigo** están formados por multitud de animales coralinos blandos. Su picadura inmoviliza a las pequeñas presas que se enredan entre ellos.

Los **corales mesa** forman placas muy amplias que les permiten captar gran cantidad de luz solar con la que crean alimento.

Los **peces mariposa de aleta ribeteada** recorren grandes distancias en busca de alimento. Meten su alargado hocico entre las rendijas de los arrecifes para arrancar trozos de coral, anémonas y algas.

Las **serpientes marinas** cazan en equipo con los peces y luego paralizan a sus presas con un veneno que es 10 veces más mortífero que el de las cobras.

Si se ven derribadas por algún motivo, las **esponjas tubo amarillas** son capaces de cambiar de forma para recuperar la posición vertical.

Los **tiburones martillo** sujetan a los peces contra el lecho marino con su peculiar cabeza mientras los devoran.

Los **peces ballesta payaso** se encajonan en espacios muy reducidos de los arrecifes para que sus depredadores no los puedan atrapar.

Los **peces león** lanzan chorros de agua con el fin de que sus presas se den la vuelta y poder así devorarlas empezando por la cabeza. Para tener siempre sus púas venenosas dirigidas a sus depredadores, a veces hasta nadan bocabajo.

Las **almejas gigantes**, que pesan más que un oso panda adulto, llevan a vivir más de cien años. Se cierran por la noche o cuando se sienten amenazadas.

11

Atolones

Con el tiempo, algunas islas volcánicas quedan totalmente sumergidas y los arrecifes que las rodean salen a la superficie. Este cambio crea un anillo de coral, llamado atolón, que rodea una laguna profunda y aislada del resto del océano.

Los **peces escorpión hoja** se dejan arrastrar por la corriente como si fueran hojas muertas, pero cuando se les acercan camarones o pececillos desprevenidos, los engullen.

Los **gobios mandarines** caminan por el lecho marino con las aletas comiendo gusanos y babosas. Estos peces sin escamas segregan una sustancia viscosa que ahuyenta a los depredadores por su mal olor.

Los **pulpos de día** son capaces de imitar en su piel el paso de las nubes por el cielo para lograr que se le acerquen sus presas lo suficiente para abalanzarse sobre ellas.

Para alimentarse, las **estrellas cojín granuladas** sacan el estómago por la boca y envuelven con él a su presa.

Las **barracudas** son capaces de nadar más rápido que los velocistas olímpicos. De hecho, para capturar a sus presas, las embisten por sorpresa.

Las **esponjas tubo de estufa** crecen en ramos de tubos gruesos. Durante sus cientos de años de vida, llegan a alcanzar una altura de 1,5 m.

Las **babosas de mar** almacenan en la piel las células urticantes y las toxinas de las medusas y las esponjas que comen. Como estas sustancias saben tan mal, sirven para proteger a las babosas de sus depredadores.

Los **caballitos de mar** se sujetan con la cola a algas para cobijarse en ellas. Son capaces de hacer que les crezcan púas para parecerse más a la planta donde se refugian.

Las **estrellas corona de espinas** tienen hasta 21 brazos y están cubiertas de púas. Se alimentan de corales y un solo ejemplar es capaz de destruir una zona de arrecife del tamaño de dos camas dobles en un año.

Los arrecifes por la noche

Por la noche, los crustáceos se mueven por las rocas, muchos peces salen a la caza de otros que duermen y, cuando el plancton sube a la superficie donde hay menos peligro, los corales aprovechan para extender sus tentáculos y devorarlo a su paso.

Los **tiburones cebra** tienen el cuerpo muy flexible, lo que les permite meterse por los huecos y las cavidades donde se esconden sus presas.

Las **medusas luna** se dejan llevar por las corrientes y atrapan a sus presas con sus tentáculos urticantes.

Los **calamares de arrecife** cambian de coloración para camuflarse en su entorno. Al contrario que otros calamares, no son caníbales, por lo que van en grupo propulsándose con chorros de agua.

Según crecen, a los **cangrejos ermitaños** se les queda pequeña la caracola en la que viven, así que deben cambiarla. Forman una fila ordenados de mayor a menor junto a una vacía y, empezando por el cangrejo más grande, la van cambiando uno a uno.

Las **medusas clavel** tienen células urticantes no solo en los tentáculos sino por todo el cuerpo. Emiten destellos de luz tenue y suben a la superficie para alimentarse por la noche, cuando hay menos peligro.

Las **sepias** cambian de color para mimetizarse con su entorno. Cuando detectan alguna presa, la atrapan con dos tentáculos que tienen ventosas y ganchos.

Los **besucones arlequín** jóvenes nadan cabeza abajo, agitando enérgicamente las aletas para parecer gusanos venenosos. De esta manera, evitan que se los coman.

A pesar de su nombre, los **corales sol** no necesitan la luz solar para obtener energía. Suelen hallarse tanto a gran profundidad como en arrecifes poco profundos y se alimentan de plancton.

Índice